U0542862

...g Group授权广东教育出版社有限公司仅在中国内地出版发行。

）数据

戴约（Aaron DeYoe）著；郝景萌，刘怡
版社，2019.6

2208-1

①亚⋯ ②郝⋯ ③刘⋯ Ⅲ. ①行星—少儿

馆CIP数据核字（2018）第047701号

林玉洁　杨利强　罗　华
涂晓东
邓君豪

## 行星
### XINGXING

广东教育出版社出版发行
（广州市环市东路472号12-15楼）
邮政编码：510075
网址：http://www.gjs.cn
广东新华发行集团股份有限公司经销
恒美印务（广州）有限公司印刷
（广州市南沙经济技术开发区环市大道南路334号）
890毫米×1240毫米　24开本　1印张　20 000字
2019年6月第1版　2019年6月第1次印刷
ISBN 978-7-5548-2208-1
定价：29.80元

质量监督电话：020-87613102　邮箱：gjs-quality@nfcb.com.cn
购书咨询电话：020-87615809

太空之旅丛书

# 行星

[美] 亚伦·戴约（Aaron Deyoe） 著

郝景萌 刘怡 译

SPM
南方出版传媒
全国优秀出版社
全国百佳图书出版单位
广东教育出版社
·广州·

---

本系列书经由美国Abdo Publishi...
广东省版权局著作权合同登记...
图字：19-2017-086号

图书在版编目（CIP...

行星 / （美）亚伦·...
译. —广州：广东教育出...
（太空之旅丛书）
书名原文：Planets
ISBN 978-7-5548-...

Ⅰ. ①行… Ⅱ. ...
读物　Ⅳ. ①P185-...

中国版本图书...

责任编辑：
责任技编：
装帧设计：

# 目　录

| | |
|---|---|
| 4 | 行星 |
| 5 | 我们的太阳系 |
| 6 | 水星 |
| 8 | 金星 |
| 10 | 地球 |
| 12 | 火星 |
| 14 | 木星 |
| 16 | 土星 |
| 18 | 天王星 |
| 20 | 海王星 |
| 22 | 矮行星 |
| 23 | 扩展 |
| 24 | 术语表 |

太阳系是从转动着的由尘埃和气体构成的星云中生成的。这些尘埃和气体是已经死亡的上一代恒星抛出来的。它们在星云中变成了恒星、行星、小行星、彗星和一些更小的石头。它们合起来组成了太阳系。

# 我们的太阳系

水星（墨丘利）

地球

木星（朱庇特）

金星（维纳斯）

火星（马尔斯）

土星（萨图尔努斯）

天王星（乌拉诺斯）

海王星（尼普顿）

太阳系有八个行星。其中四个相对较小的是由岩石构成的，离太阳较近。其他四个比它们要大得多，有着厚厚的大气层。

# 水 星

水星是离太阳最近的行星，也是个头最小的，甚至有些卫星都比水星个头大。

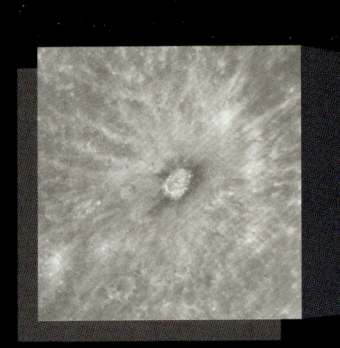

曾经有许多的陨石撞击过水星，在它的表面留下了点点斑痕，这些斑痕被称为陨石坑。

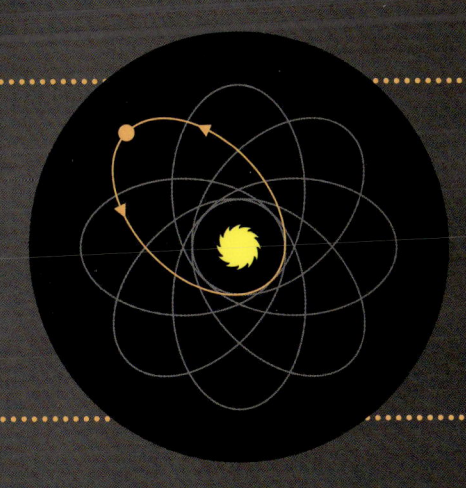

### 奇特的轨道

水星绕太阳运行的轨道挺奇特的。它不走寻常路（稳定的椭圆轨道），而是绕来绕去（如左图，也许它想画朵花）。

### "信使号"飞船

"信使号"飞船从2011年开始绕水星飞行，它绘制了水星整个表面的地图。"信使号"飞船还在水星的北极发现了冰（固态水）。

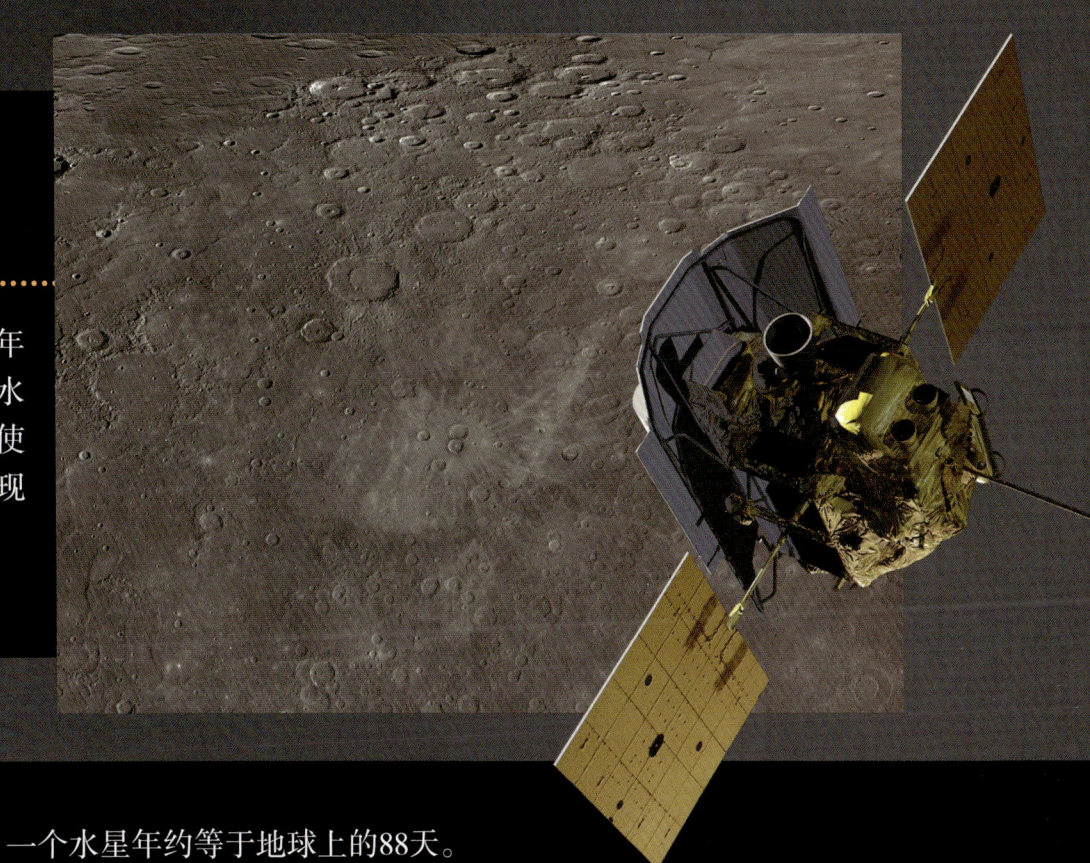

水星没有卫星。　　一个水星年约等于地球上的88天。

# 金　　星

金星是表面温度最高的行星。它有着浓密的大气层。大气层吸收着来自太阳的热量，使得整个金星表面犹如巨大的温室。

月亮　　金星

金星被厚云覆盖。云层反射阳光，这是金星在天空中看起来很亮的原因之一。

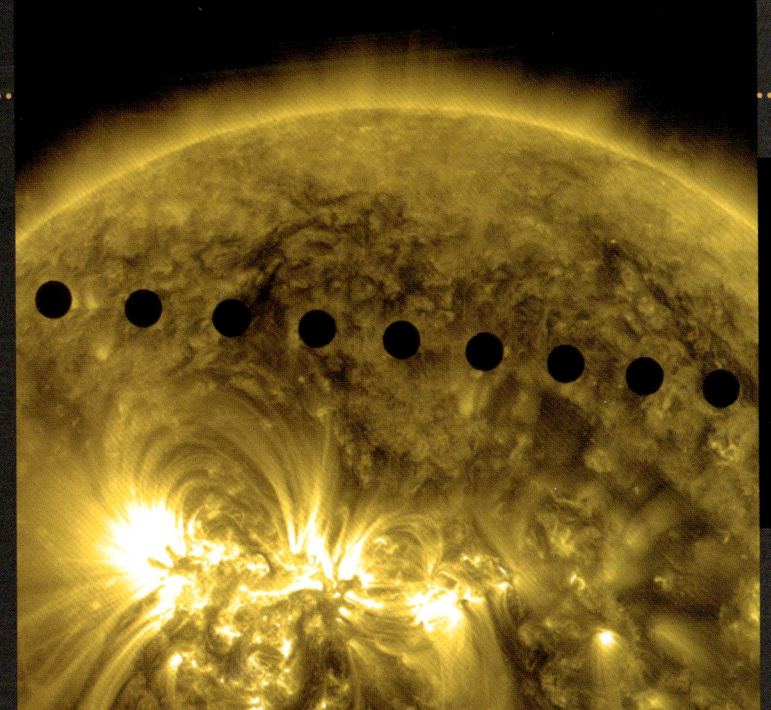

## 漫长的金星日

金星自转得很慢。一个金星日相当于243个地球日。而一个金星年相当于225个地球日。一个金星日比一个金星年还要长呢。

## 厚云之下

金星的地面由石头构成，非常烫。其表面布满了火山、陨石坑和熔岩。

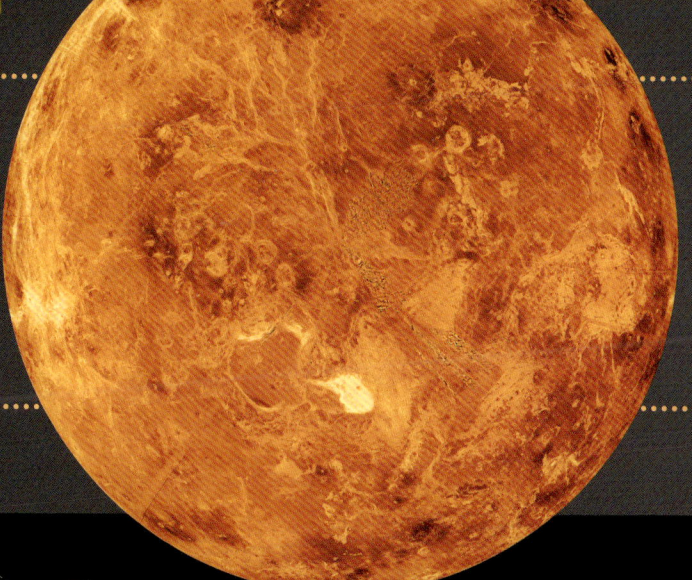

金星没有卫星。

一个金星年相当于地球上的225天。

# 火 星

火星是一个尘土飞扬的石头行星。它也是科学家们研究得最多的行星（不包括地球）。他们推测火星可能曾经有过海洋。

奥林匹斯山

珠穆朗玛峰

火星有着太阳系中最高的火山——奥林匹斯山。它远超过地球上最高的珠穆朗玛峰。

宁静的火星　　　被尘暴覆盖的火星

## 尘土飞扬的行星

火星上的强风暴能环绕整个星球。强风刮起了火星表面的尘土，这些尘土可以上升到大气层中。巨大的尘暴覆盖了整个火星，可持续几个星期。

## 火星上的探测器

人类已经将多个探测器送到了火星。有的有轮子。它们在火星表面探险。把人送去火星是很危险的。探测器能帮助我们安全地了解这颗行星。

火星有两颗卫星。　　火星上的一年相当于地球上的687天。

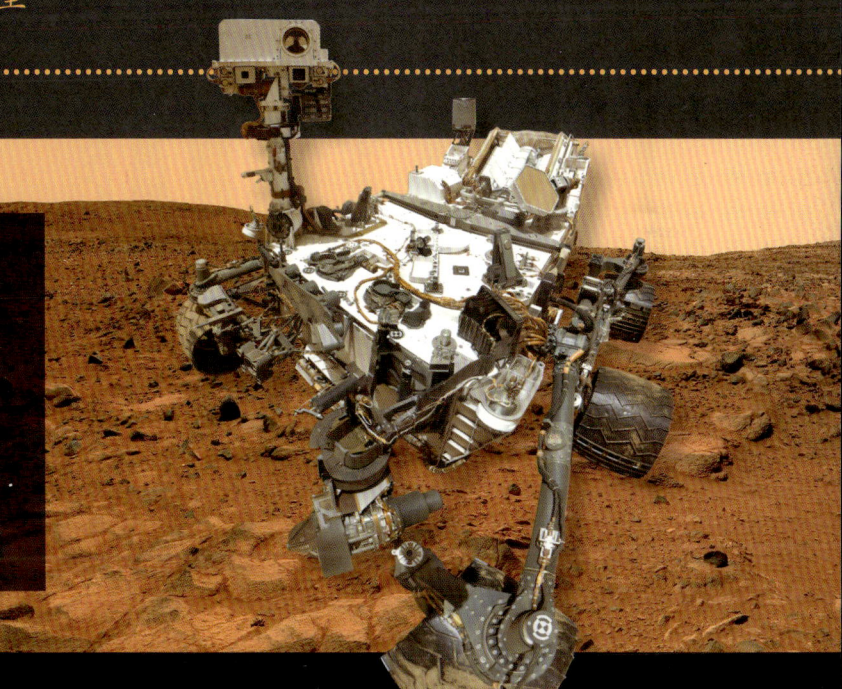

# 木 星

木星是太阳系中最大的行星。它有着非常厚的气态大气层。这样的行星称为气态巨行星。

木星大红斑是一个巨大的风暴。它可能已经存在350多年了。

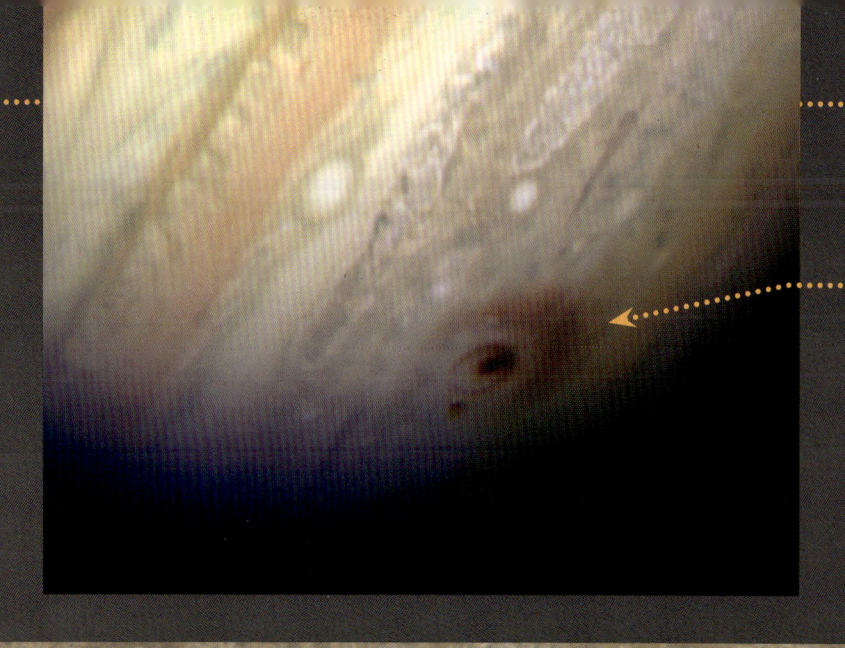

## 撞击

木星有很强的引力。它捕获经过附近的彗星和小行星。撞击留下了斑痕。科学家们可以通过这些撞击斑研究木星大气层下的化学物质组成。

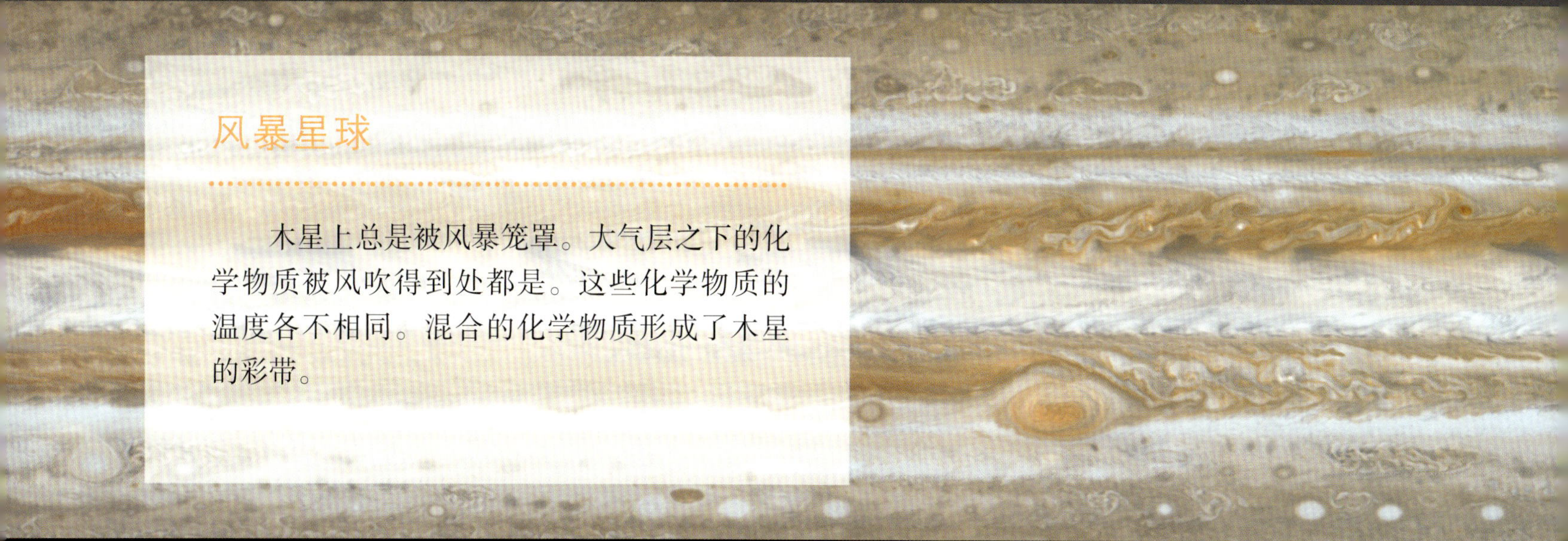

## 风暴星球

木星上总是被风暴笼罩。大气层之下的化学物质被风吹得到处都是。这些化学物质的温度各不相同。混合的化学物质形成了木星的彩带。

木星至少有69颗卫星。

木星上的一年相当于地球上的11.86年。

# 土　星

土星是（太阳系中）第二大的行星。它最为显著的特征是它的环。它是一颗与木星类似的气态巨行星。

土星看起来很宁静，实际上它的大气层满是超级风暴。

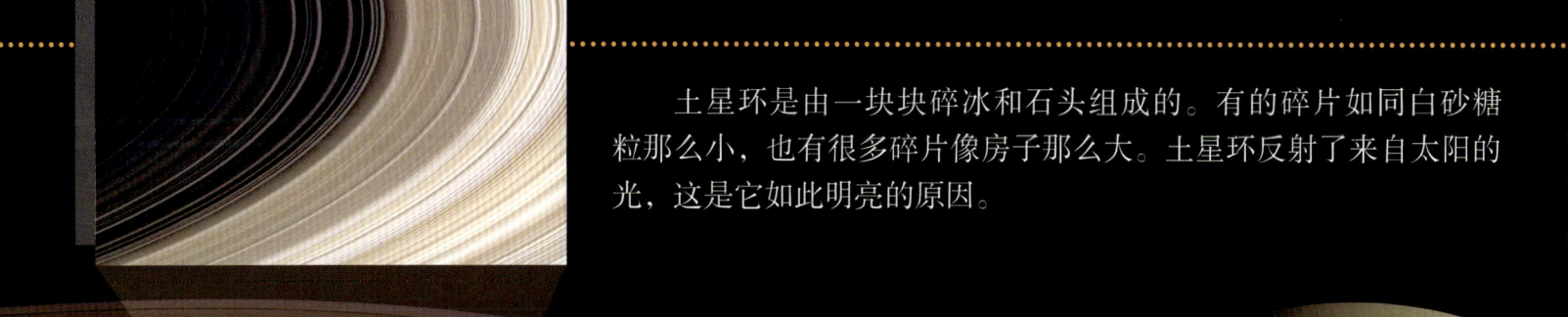

土星环是由一块块碎冰和石头组成的。有的碎片如同白砂糖粒那么小，也有很多碎片像房子那么大。土星环反射了来自太阳的光，这是它如此明亮的原因。

## 土星的六边形

在土星的北极有一个巨大的六边形，它是由旋转的大气和云构成的。

土星是（太阳系中）密度最小的行星。如果土星能够泡进一个浴缸，它就会浮起来。

土星至少有62颗卫星。

土星上的一年等于地球上的29.7年。

# 天王星

天王星也是一颗气态巨行星，它通常被细分为冰巨行星。它有着太阳系中最寒冷的大气层。

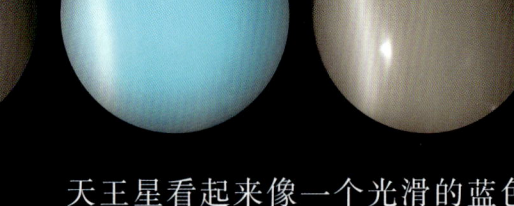

天王星看起来像一个光滑的蓝色大球。有时候云层和风暴会在其表面形成斑点，这可能是季节变化引起的。

## 躺着的行星

行星绕着一个轴自转。大多数行星的自转轴都是竖直的（相对于公转平面），天王星的轴却是斜躺着的。科学家们认为可能在很久以前有其他天体撞击了天王星，使得它斜躺在公转平面上。

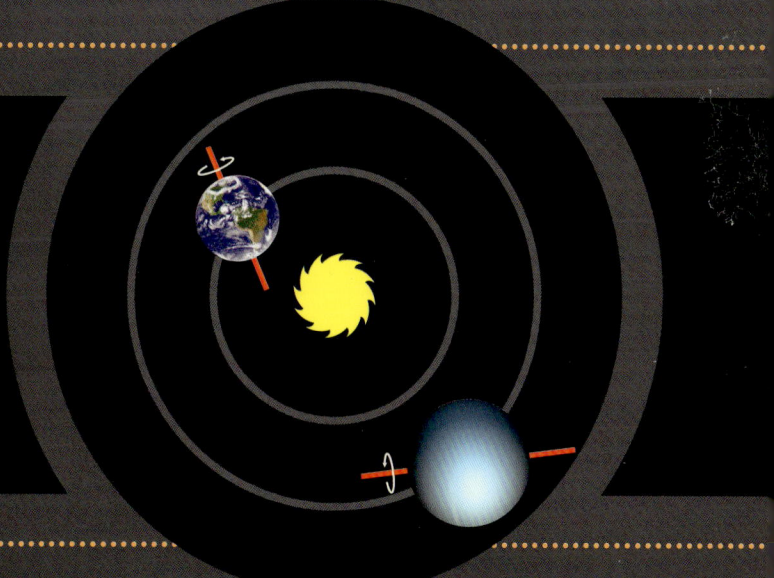

## 天王星环

天王星有环。这些环是由暗黑色的物体构成的。这使得它们并不像土星环那样容易被看到。科学家使用特殊的照相技术让它们显露出来。

天王星至少有29颗卫星。

天王星上的一年相当于地球上的84.3年。

# 海王星

海王星也是一颗冰巨行星。海王星是离太阳最远的行星,但它的表面温度比天王星要高。

在太阳系中,海王星的风速最快。海王星有一个热的内核,但它的大气层非常冷,这样就会吹起极强的风。

## 不均匀的海王星环

海王星也有环，只不过它的环并不像其他行星的环那样均匀一致，而是有的部分宽，有的部分窄。

## 用数学方法找到的行星

海王星是经过数学计算发现的！科学家注意到有物体影响了天王星的公转轨道，就好像天王星被什么东西牵引着。他们做了一些数学计算，计算结果帮助他们发现了海王星。

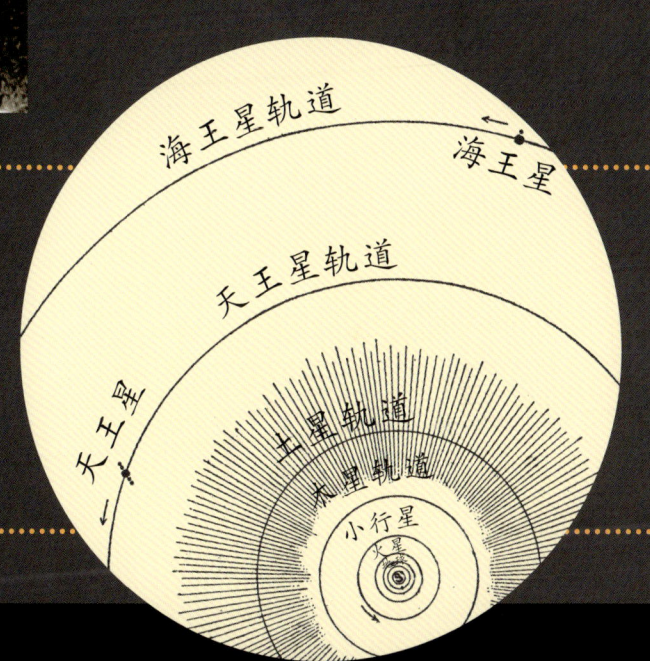

海王星至少有14颗卫星。

海王星上的一年相当于地球上的164.8年。

# 矮行星

矮行星比小行星要大，但比行星要小很多。矮行星和小行星以及太空岩石一起共用轨道。典型的矮行星有谷神星、冥王星和阋神星等。

## 谷神星

谷神星在火星与木星之间绕太阳转动。它是一颗相对较小的矮行星。

## 冥王星

冥王星是一颗冰冷的矮行星。它远在海王星之外绕太阳转动。它的公转轨道有些独特，有时候它比海王星更靠近太阳。冥王星至少有五颗卫星。

## 阋神星

艺术家想象的阋神星

阋神星远在冥王星以外绕太阳转动。它是已知最大的矮行星。它拥有至少一颗卫星。

# 扩展

天文学家正在搜寻绕着其他恒星转动的行星。它们被称为（太阳）系外行星（截止到2017年底，已经有数千颗系外行星被找到）。据估计，光是银河系就有200亿颗系外行星。

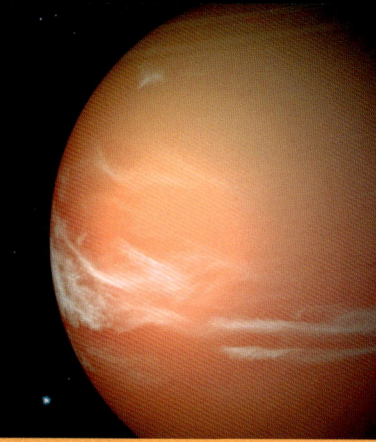

## 行星知识小测试

1. 太阳系中最大的行星是哪颗？

2. 哪些行星没有卫星？

3. 火星是一颗矮行星，对吗？

**想一想：**

你想去哪颗行星旅行？为什么？

答案：1.木星。 2.水星和金星。 3.错。

# 术语表

**太阳系**：太阳和以太阳为中心、受它的引力支配而环绕它运动的天体所构成的系统。成员包括太阳和8颗行星（水星、金星、地球、火星、木星、土星、天王星、海王星）、158颗卫星、众多的小行星（其中有约13万颗已正式编号）、彗星、流星体和行星际物质等。

**行星**：指环绕太阳运行、质量足够大、呈球形或近似球形并能通过引力清空轨道附近碎物的天体。行星本身一般不发光，以表面反射太阳光而发亮。按距太阳的距离（由近而远），有水星、金星、地球、火星、木星、土星、天王星、海王星八颗。

**行星环**：围绕行星运转的物质环，由众多小物体组成，靠反射太阳光而发亮，故亦称"行星光环"。已发现土星、天王星、木星和海王星有行星环。其形成原因可能是：（1）卫星被行星的起潮力所瓦解；（2）太阳系演化初期残留下来的某些原始物质而又不能凝聚成卫星；（3）位于洛希极限内的较大天体被流星轰击成碎块。